玩坏这本书

季子萌◎著

图书在版编目（CIP）数据

玩坏这本书 / 季子萌著. -- 银川：宁夏人民出版社 2025. 3. -- ISBN 978-7-227-08092-3

Ⅰ. B842.6-49

中国国家版本馆 CIP 数据核字第 20255Z9L07 号

| 玩坏这本书 | 季子萌 著 |

责任编辑　闫金萍
责任校对　赵　亮
封面设计　彭明军
责任印制　侯　俊

 出版发行

出 版 人　薛文斌
地　　址　宁夏银川市北京东路 139 号出版大厦（750001）
网　　址　http://www.yipubm.com
网 上 书店　http://www.hh-book.com
电子信箱　nxrmchs@126.com
邮购电话　0951-5052104　5052106
经　　销　全国新华书店
印刷装订　三河市天润建兴印务有限公司
印刷委托书号　（宁）0031466

开本　889 mm×1194 mm　1/32
印张　5
字数　10 千字
版次　2025 年 3 月第 1 版
印次　2025 年 3 月第 1 次印刷
书号　ISBN 978-7-227-08092-3
定价　49.80 元

版权所有　侵权必究

安全提示!

◆ 各位读者在玩坏的时候,要注意安全使用工具哦!

◆ 未成年请在家长陪同下玩坏。

开门见……
在框中写下你希望看到的东西吧。

无论什么颜色的卡皮巴拉都能
保持情绪稳定吧。

你会把卡皮巴拉染成什么颜色？

英文水平 nice! 拼一个你的年度词汇贴在这里吧!

A B C D E F
G H I J K L
M N O P Q R
S T U V W X
Y Z

**幸运大转盘！
把它剪下来就可以开转了！**

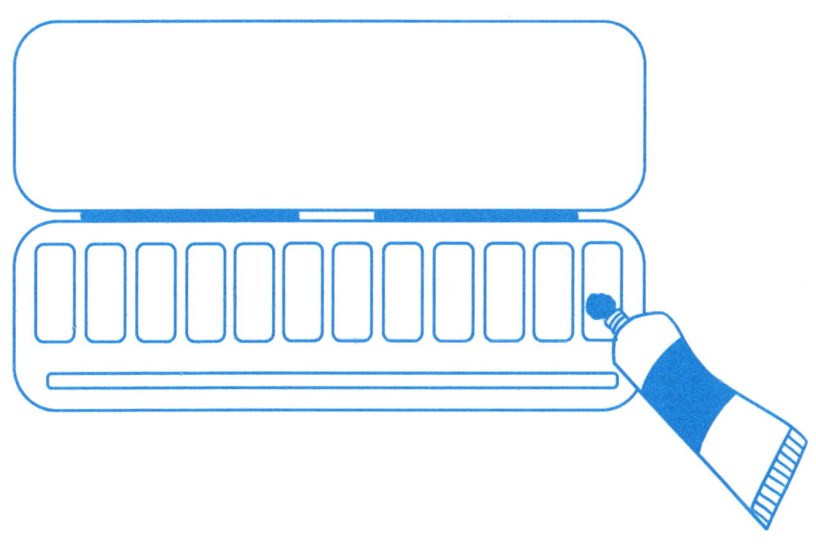

按你的喜好在颜料盒里
挤上颜色吧。

漂亮小姐姐要睡觉了！

沿虚线用剪刀剪开

你要在汉堡里面夹什么?

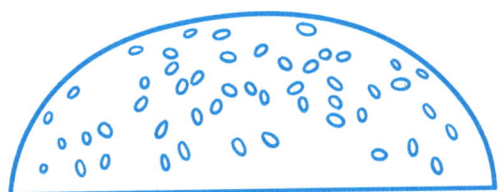

给苏打饼干扎眼儿也是很
辛苦的工作呢!

用牙签或笔尖给饼干
扎上眼吧。

这里有一碗面，
你希望是方便面还是拉面？

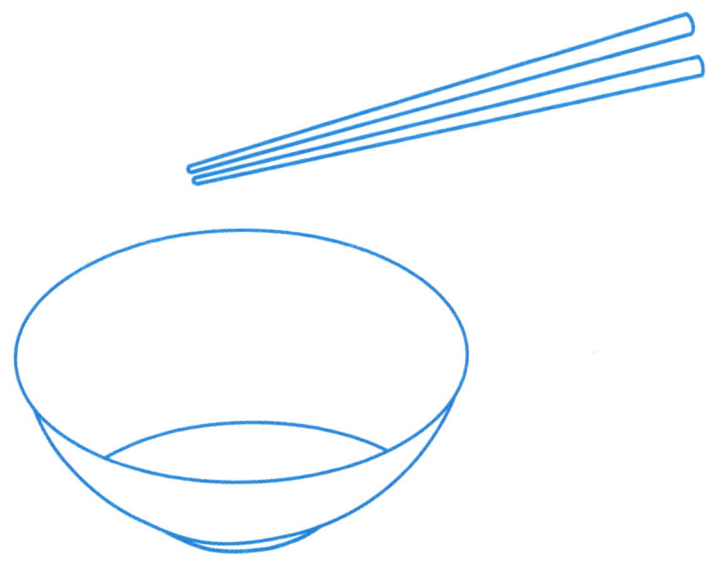

对折线

----✂ 沿虚线用剪刀剪开

把这页撕下来,参考左侧示意图剪成一个纸圈,看看能套下你吗?

看！是七巧板！
把它剪下来，看看能否拼出点什么吧！

找到那个不同的字吧！

戒 戒 戒 戒
戒 戒 戒 戒
戒 戒 戒 戎
戒 戒 戒 戒

准备好了吗？难度升级了啊！

历 历 历 历 历
历 历 历 历 历
历 历 历 历 历
历 历 历 历 历
历 历 历 历 历

超级难度！
这次里面有 2 个不一样的哦！

鸟	鸟	鸟	鸟	鸟	鸟
鸟	鸟	鸟	鸟	鸟	鸟
鸟	鸟	鸟	鸟	鸟	鸟
鸟	鸟	鸟	鸟	鸟	鸟
鸟	鸟	鸟	鸟	鸟	鸟
鸟	鸟	鸟	鸟	鸟	鸟

剪下来做个冰激凌吧!

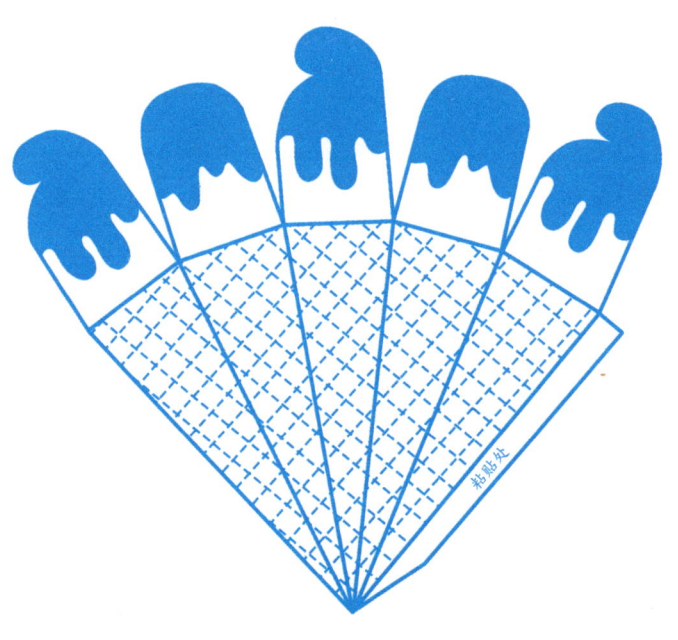

沿边框剪开并折叠

为自己积攒点功德！

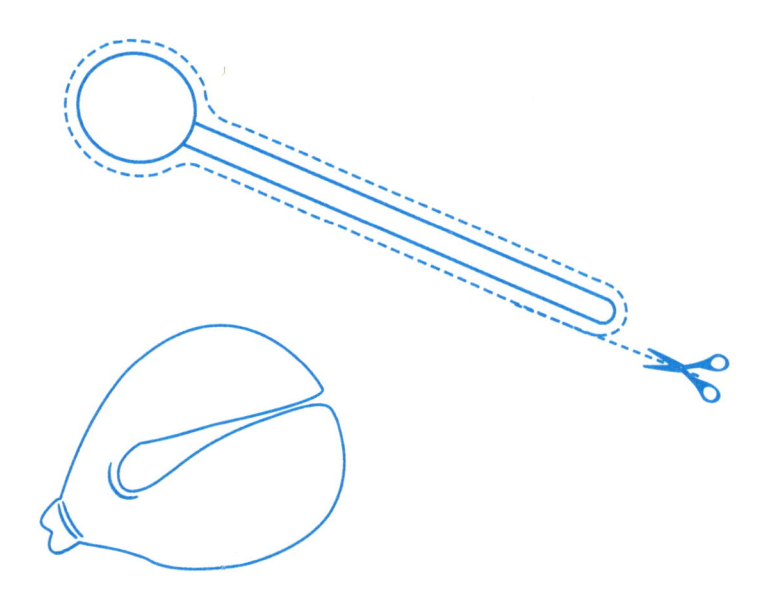

请帮助小羊回家!

复原金元宝，财运滚滚来！把它剪下来，然后按正确顺序拼起来吧。

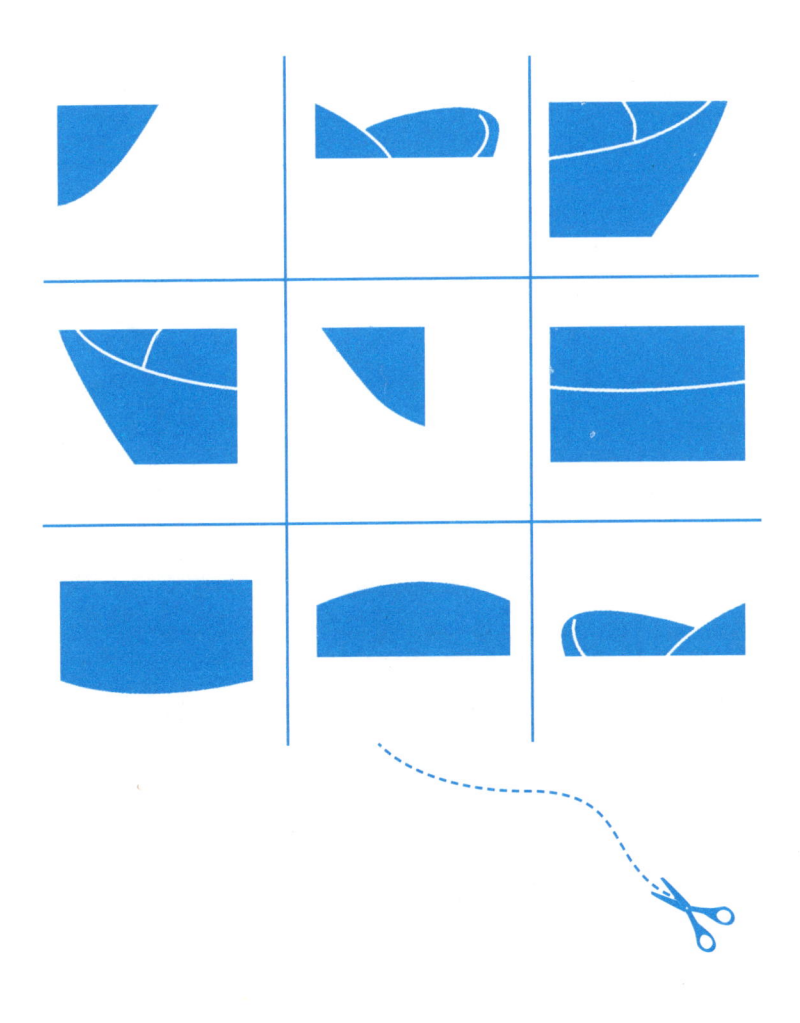

把你的左手放在纸上，
用右手描下轮廓。

难度上升 upup！把你的右手放在纸上，用左手描下轮廓。

按照你的喜好穿鞋带吧！

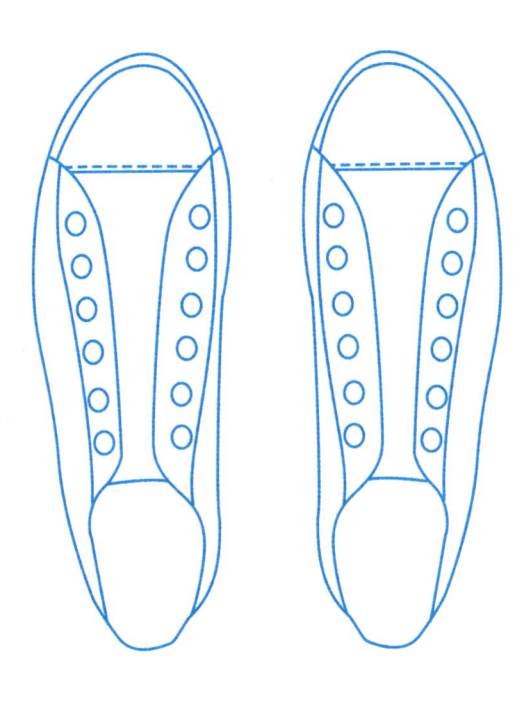

把这枚小钱钱抠出来吧。
这应该比姜饼人简单多了！
加油！

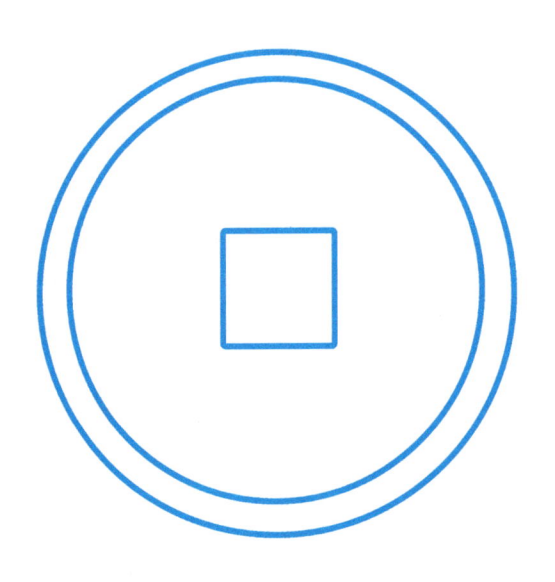

下一个摆烂日就要来了，
你准备怎么过？

领带？还是领结？

这是一只三花猫,给它排列一下花纹的分布吧。

画几朵小花花吧！

把前面的小花花剪下来，
插到花瓶里吧。

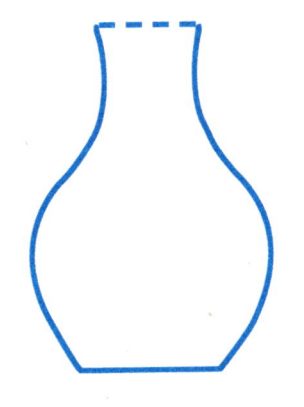

沿虚线用剪刀剪开

小兔子抱着的是胡萝卜还是小青菜?

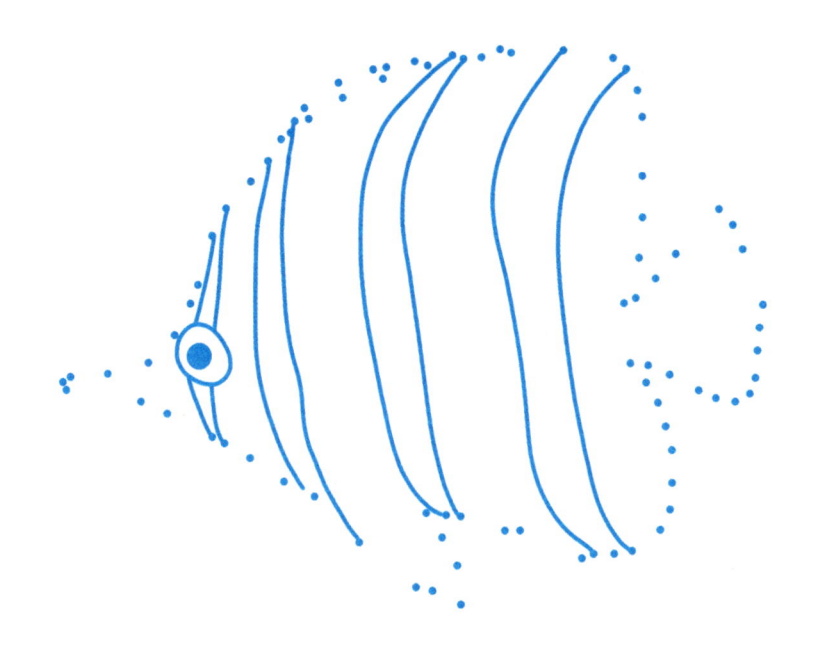

连连看！

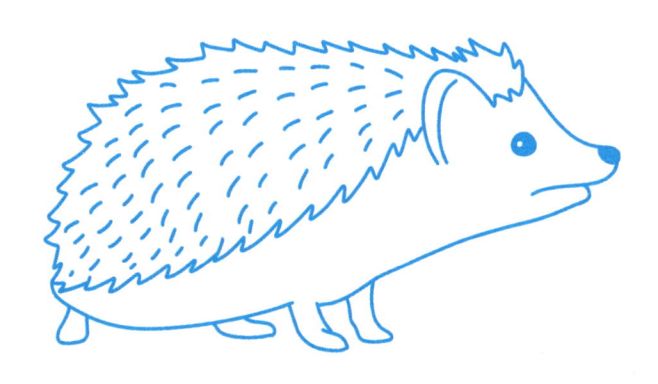

让它满载而归吧!
在小刺猬的身上画点小果子。

画三个你常用的 emoji 吧。

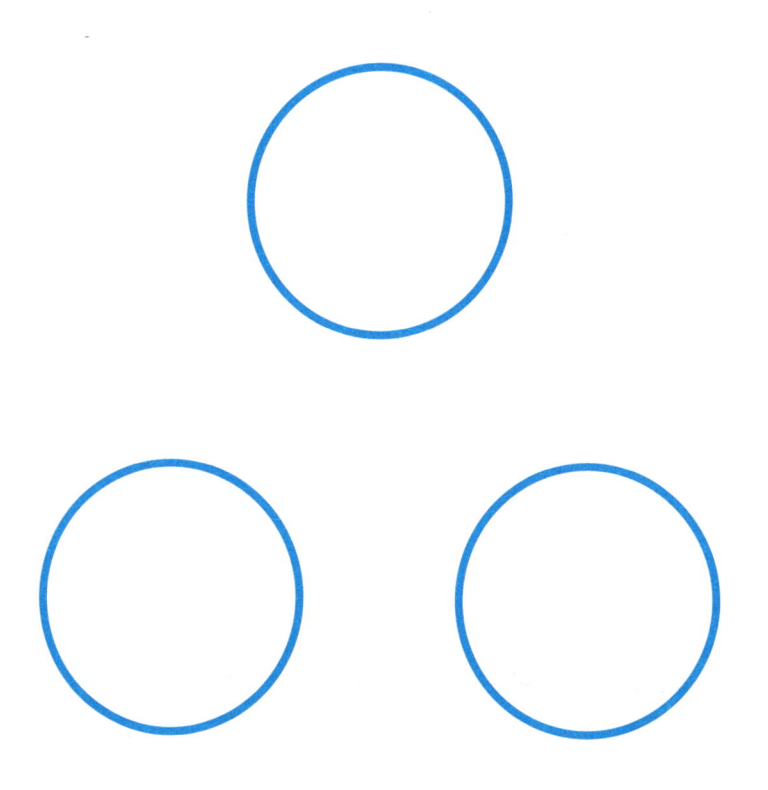

按照你的喜好程度来填充小瓶子吧。

| 猫猫 | 狗狗 | 蛋糕 | 巧克力 | 奶茶 |

| 火锅 | 雨天 | 晴天 | 大海 | 雪天 |

| 家务 | 逛街 | 喜剧 | 面包 | 睡觉 |

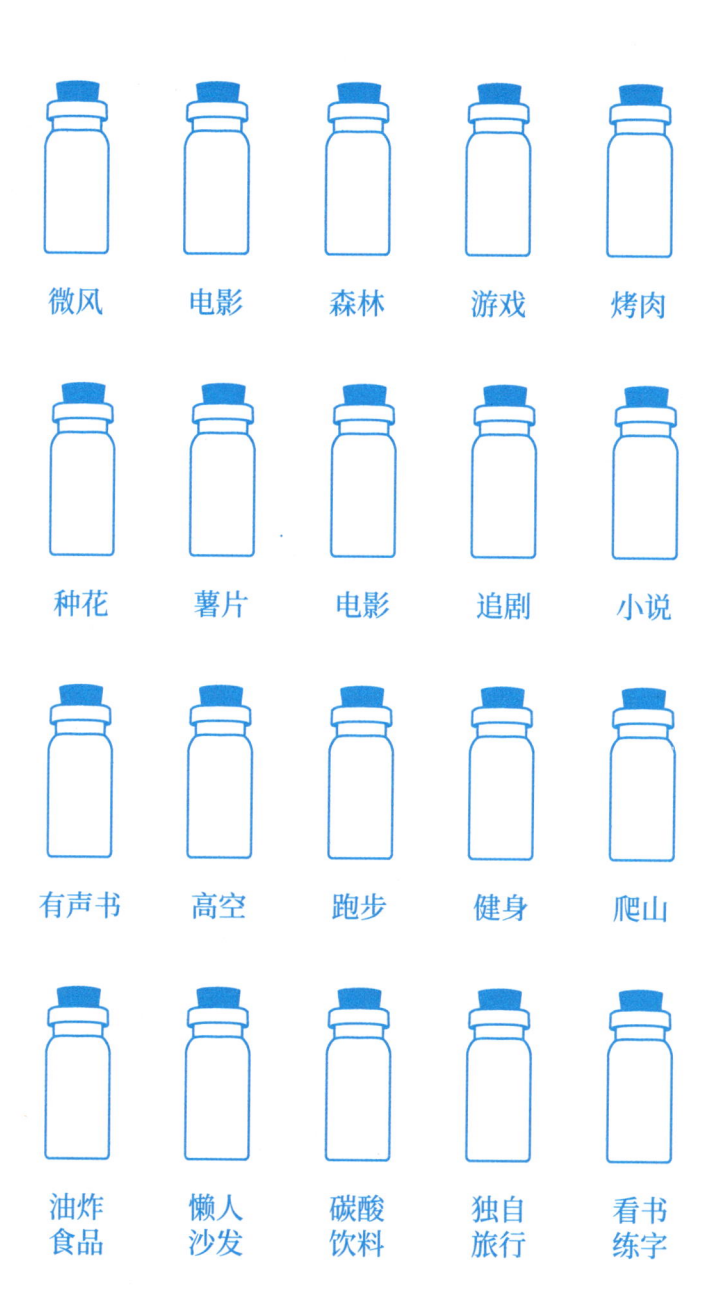

微风	电影	森林	游戏	烤肉
种花	薯片	电影	追剧	小说
有声书	高空	跑步	健身	爬山
油炸食品	懒人沙发	碳酸饮料	独自旅行	看书练字

给这杯咖啡拉个花吧。

一支幸运签！
把你的愿望写在右页"签"上，
剪下来就可以抽取啦！

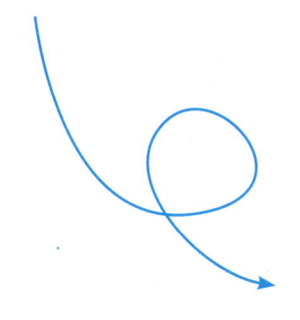

沿虚线用剪刀剪开

钱钱钱钱钱来了！！！快来填满这个财气袋吧！

这位老师，请你在这里签个名吧！

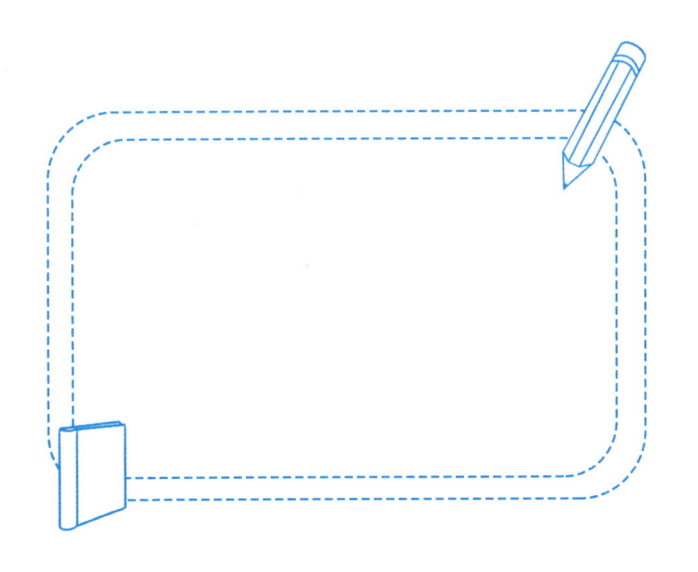

这一瞬间，你的脑海里是什么词？记下来！

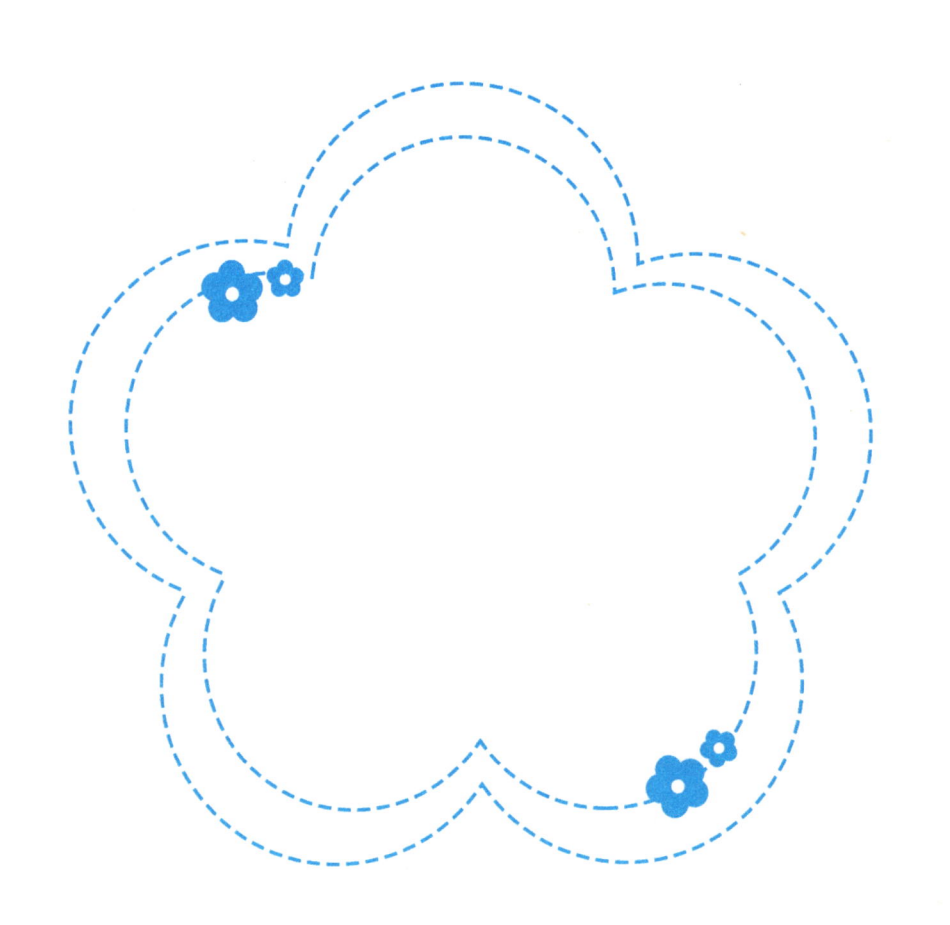

给这只手做个美甲吧!

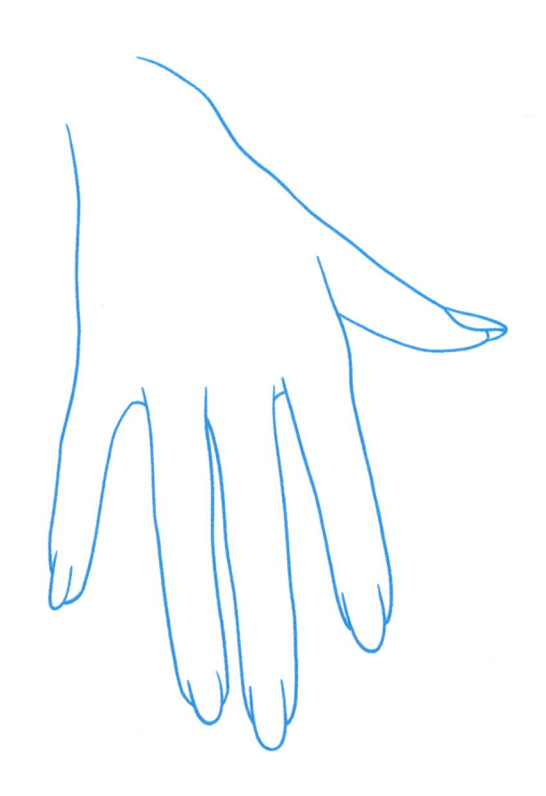

哈哈！没想到吧，还有另一只手哦！不会以为做完一只就完了吧！

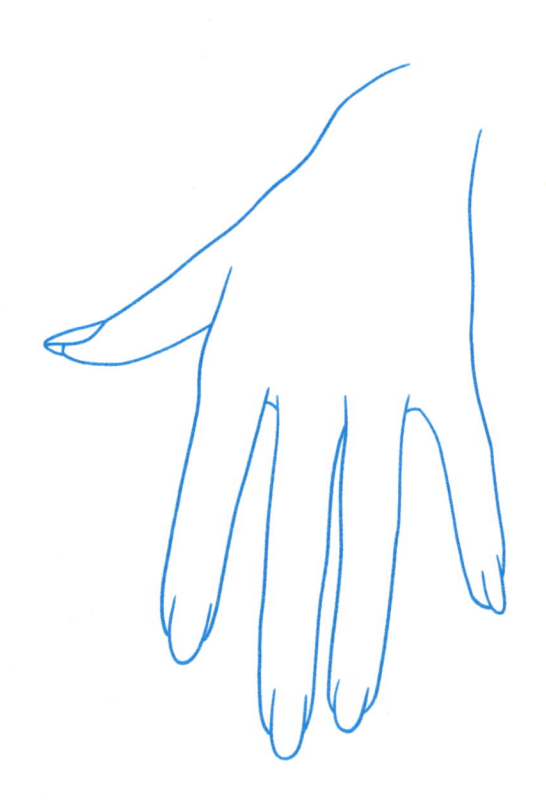

小绵羊的毛应该是蓬松蓬松的吧!把纸巾搓成小纸团贴在毛毛上吧!

把这个披萨分给你的朋友们吧!

长颈鹿要吃的树叶没有了，
快帮帮它吧。

团吧团吧这张破纸,然后看看你的折痕跟纸上的线条重合几个。

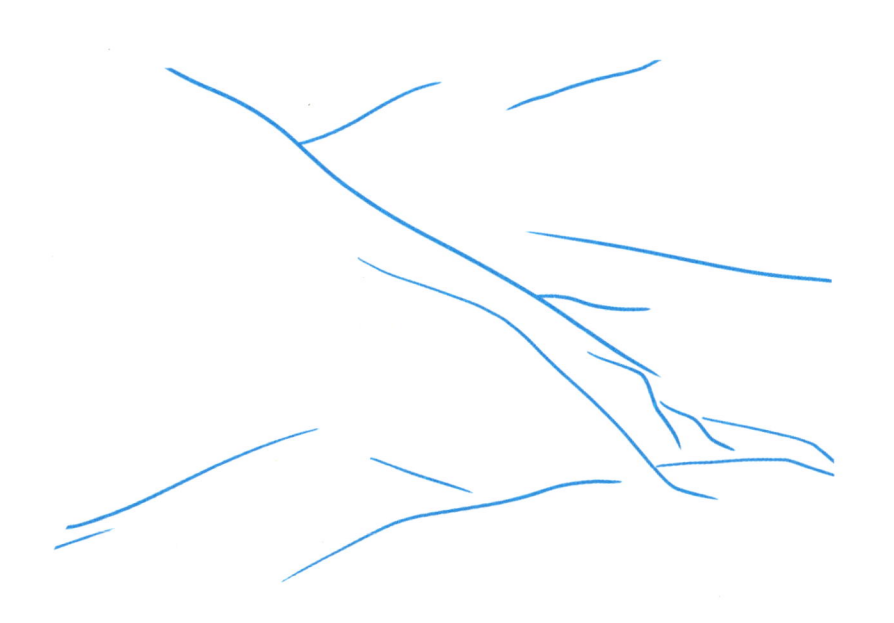

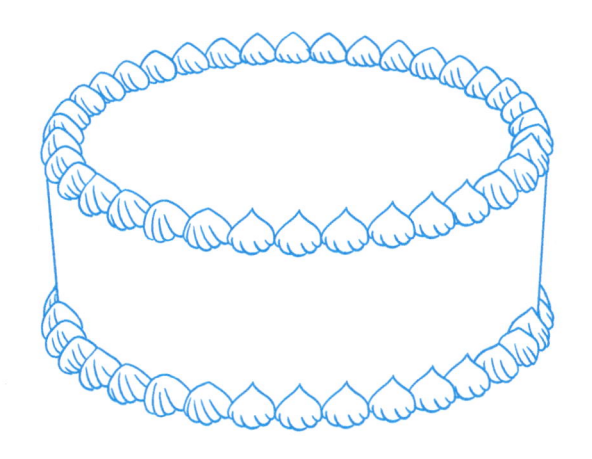

装饰一下这个蛋糕。

这里一共有 _____ 元钱。

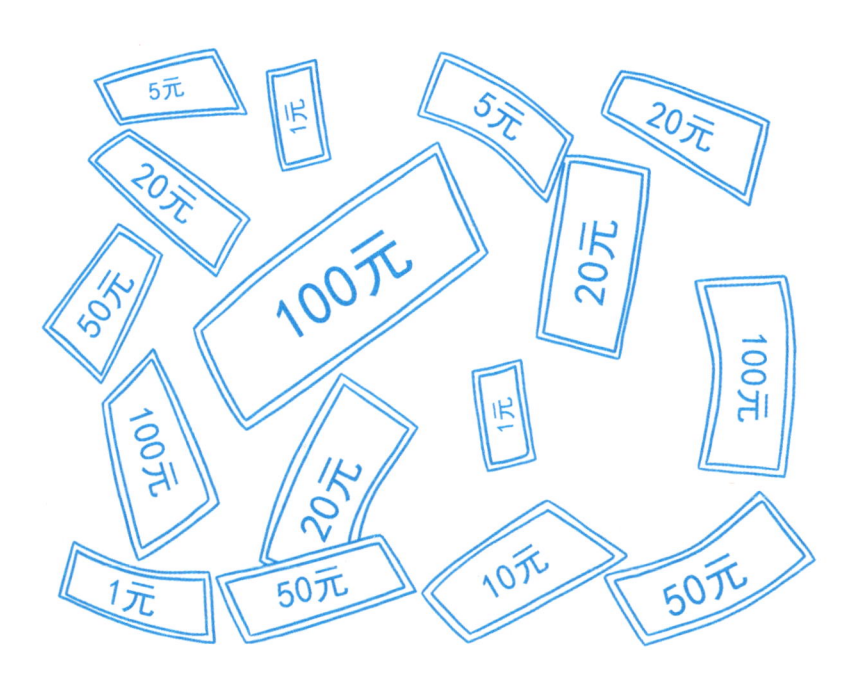

把这页撕下来卷起来,这就是你的话筒!请勇敢歌唱!

现在是几点?

点菜时间到！
把你想吃的菜写在这个菜单上吧！

菜　单

你你你！就是你！
你就是今年的最佳设计师，画几件漂亮衣服吧！

别忘了把画好的衣服放进衣柜里哦。

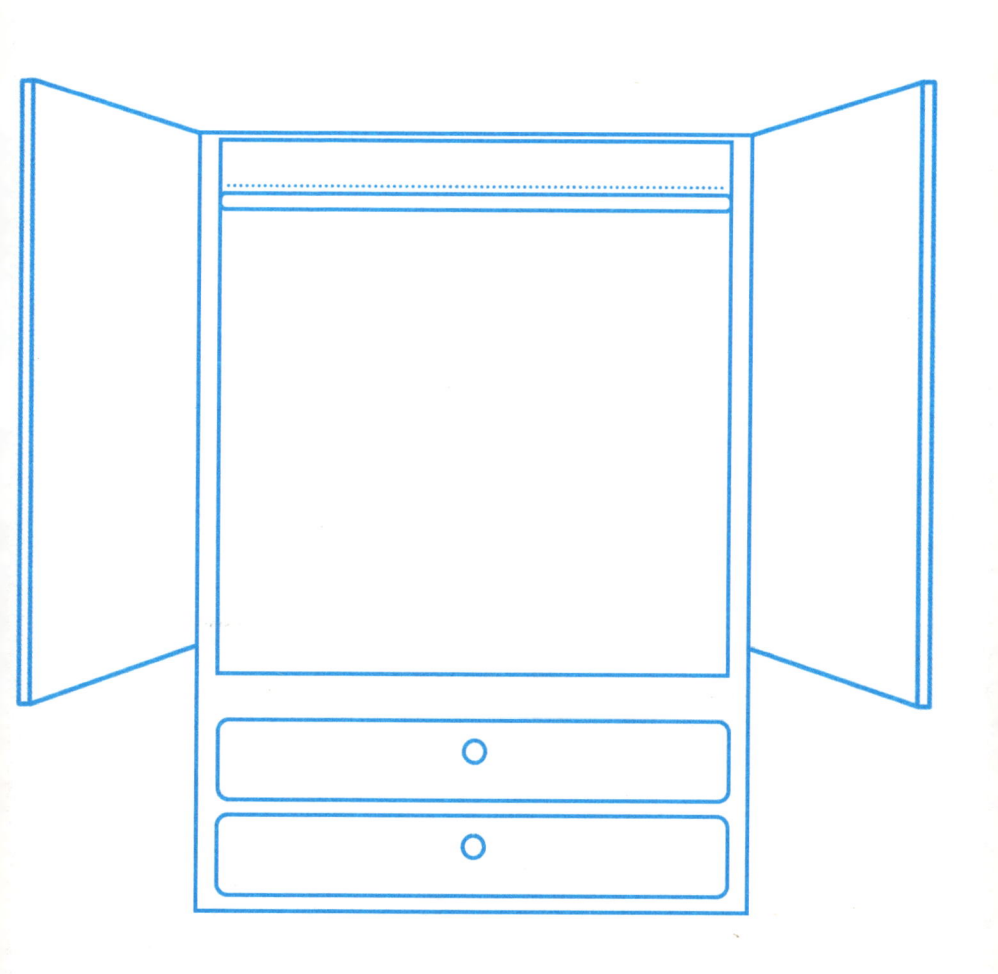

今天要用什么发型呢?

沿虚线用剪刀剪开

我也想变成小钱钱!

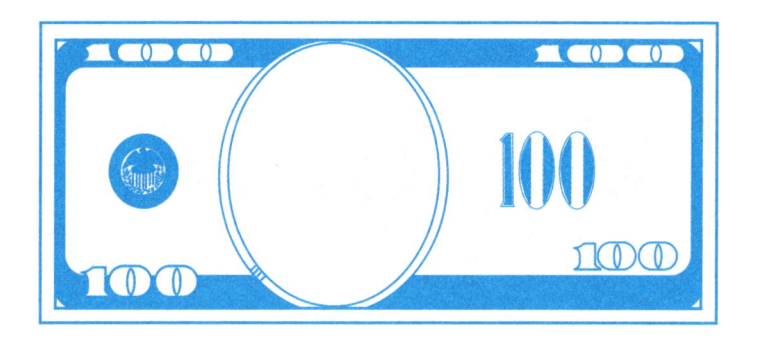

折飞机示意图

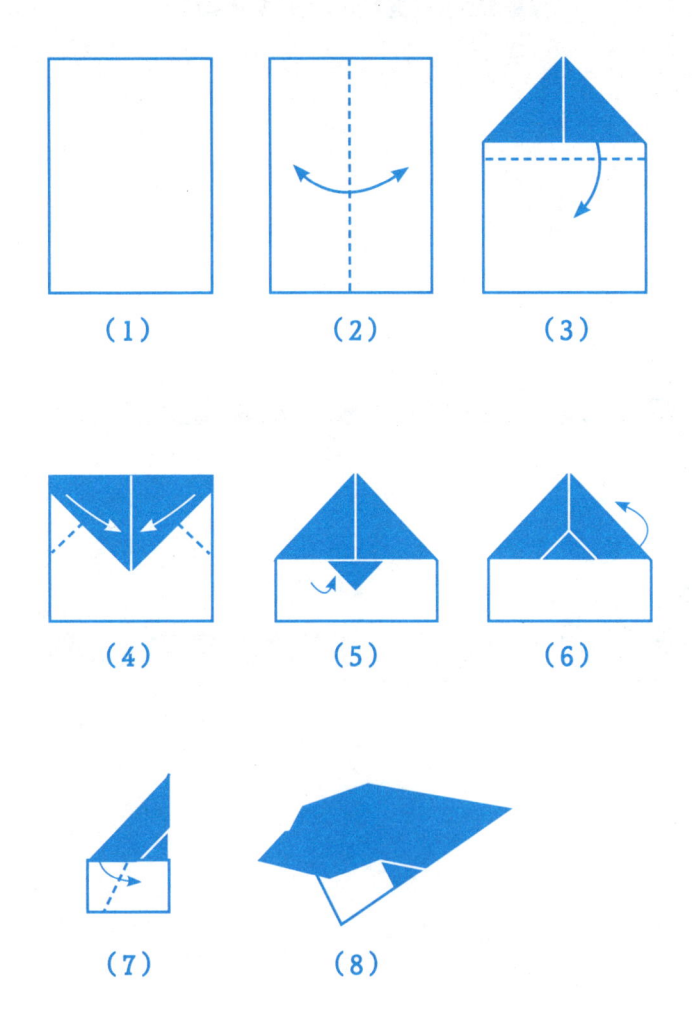

(1) (2) (3)

(4) (5) (6)

(7) (8)

把心事写在纸上折成飞机，
让它远离你吧！

小卖店里有什么？

沿虚线裁开,
看蝴蝶翩翩起舞。

自制一个书签吧！

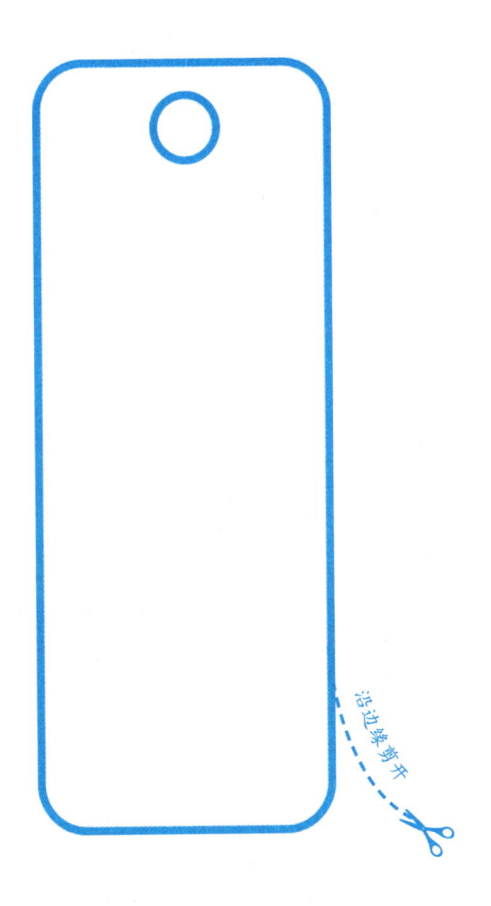

沿边缘剪开

抓一个朋友跟你
下一盘五子棋吧!

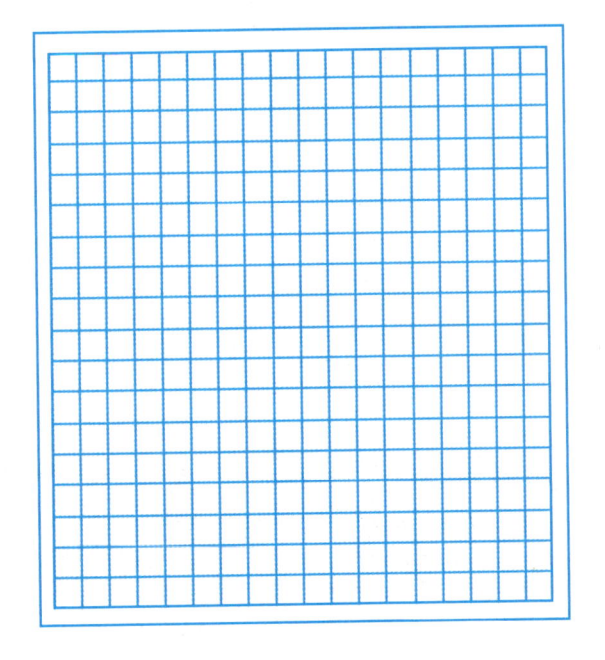

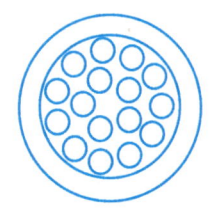

再来一盘！

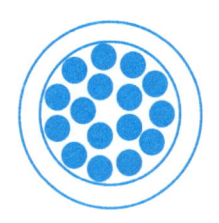

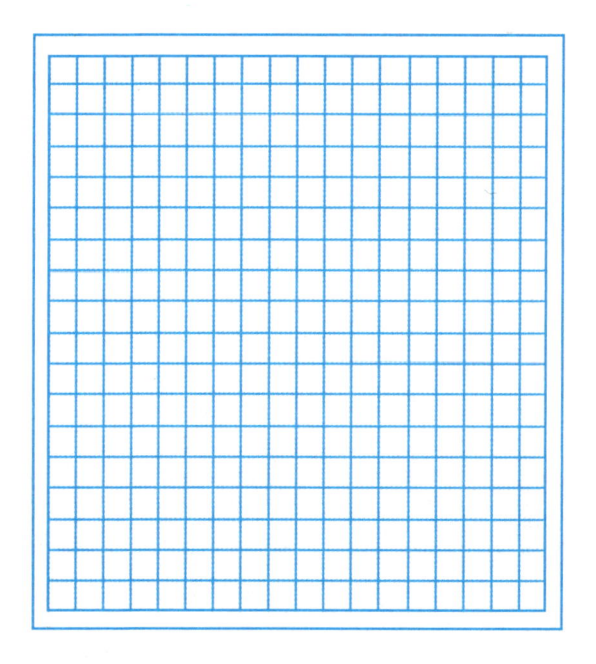

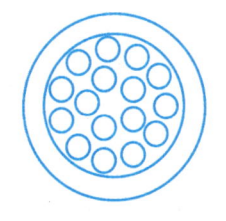

这棵树上会长一些什么呢？

太热了太热了！再热下去就要中暑了！在天上画朵乌云，还是给他一把伞，或者你还有别的办法？

你要在手机里安装什么软件？

这是一个什么呢？发挥你的想象，把它画成你想要的样子吧。

今年多少岁就用笔尖戳多少个小洞吧。过去的霉运全都滚开!

是谁在猫猫身后放了一根黄瓜？
快帮小猫把黄瓜拿开吧！

你讨厌的人拉着另一个你讨厌的人掉到水里了,你现在是什么表情?

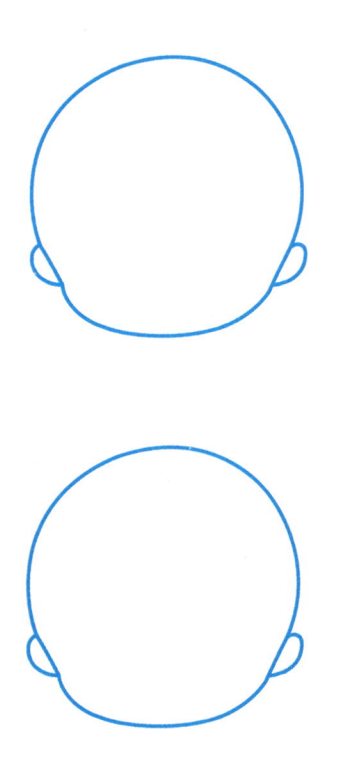

用笔尖戳一个星空吧！

饭盒里面有什么?

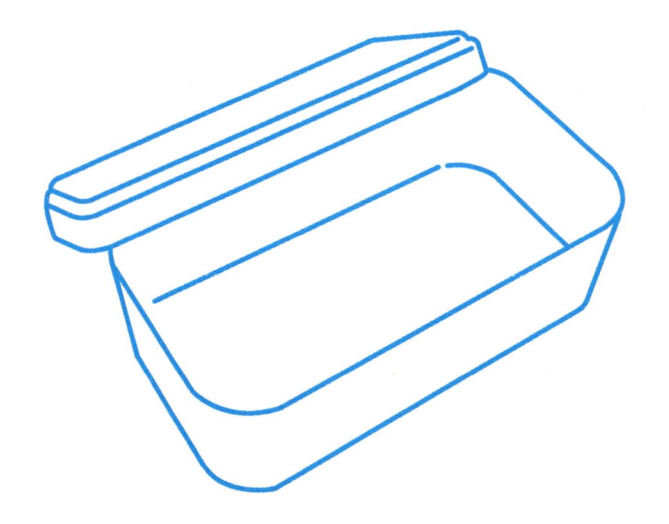

贴一张电影票票根在这里吧。

给小姐姐添一些配饰吧。

沿虚线用剪刀剪开

这是一只气鼓鼓的河豚，
帮它把刺补上吧！

剪下这把"圣剑",用它击碎那些令你不快乐的东西吧。

----✂ 沿虚线用剪刀剪开

在煎饼里加料！加料！加料！

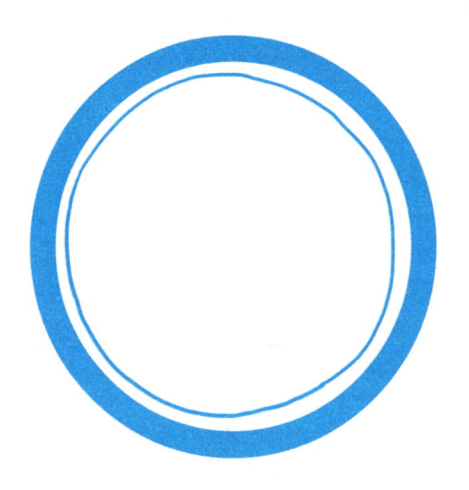

在口字上加 1-3 笔变成不
一样的字吧。

口	口	口	口	口
口	口	口	口	口
口	口	口	口	口
口	口	口	口	口

把这个南瓜改装成南瓜车吧!

涂一个你喜欢的颜色在这里吧。

这是一个决定你点什么
外卖的骰子。

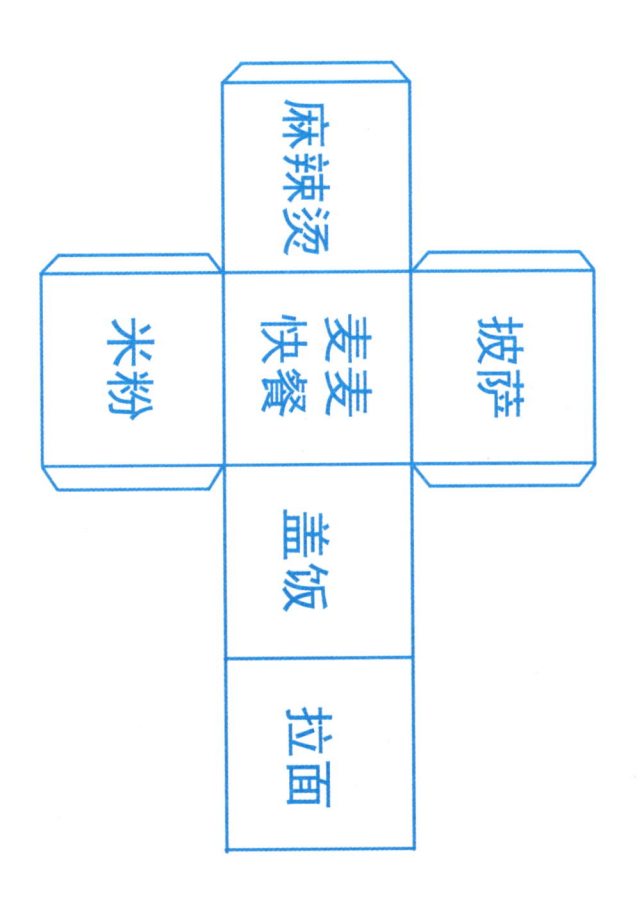

麻辣烫

米粉　麦麦快餐　披萨

盖饭

拉面

✂ 按图形边缘剪开并折叠

奶茶里面加什么？

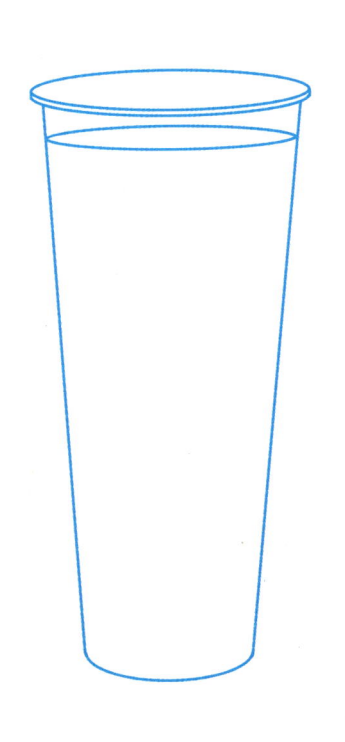

沿虚线用剪刀剪开